蔡志忠 著

田园的微笑

《菜根谭》解密

中国出版集团 现代出版社

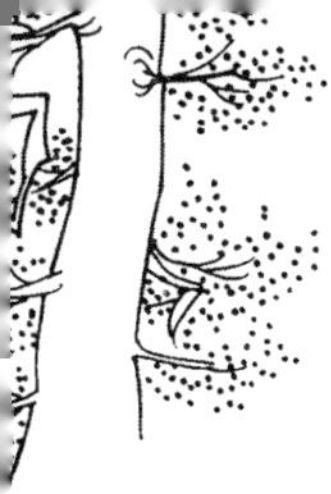

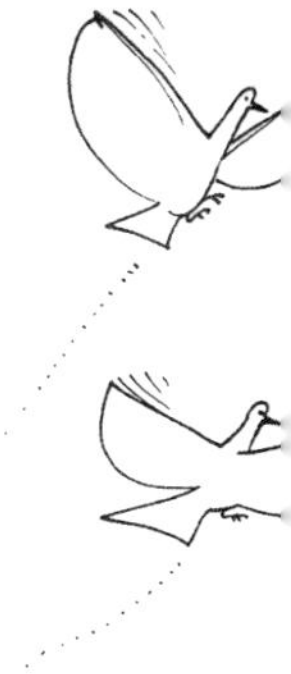

目 录

序

世人生活哲学的箴语

首先跟各位读者致歉，书名为“《菜根谭》解密”是为了一系列讲解国学作品所取的书名，《金刚经》《心经》《论语》《庄子》《禅说》这几本书确实有密可解。《菜根谭》是明代道家隐士洪应明结合儒、释、道三家的论述所编写出来有关修养的著作，提供给世人为人处世的生活哲学。《菜根谭》内容明确、浅显易懂、无密可解。

不过由于我画过很多先秦诸子百家思想和佛学禅宗的漫画，对儒、释、道三家的缘起和中心思想倒有不少个人心得可以提供给各位读者。

洪应明本人是道家，他对佛学禅宗也有很深的研究，对儒家思想的钻研更不在话下，加上他文笔简洁，言辞优美，对仗工整，使《菜根谭》不失为一部有益于陶冶情操、磨炼意志的优良读物。

我画了数十本诸子百家，但认识的新朋友第一句话往往是：“哇！你就是蔡志忠？我是从小看你的漫画《菜根谭》长大的。”

由此可知道《菜根谭》普及率非常高，看过这本书的人一定百倍、千倍于看过《老子》《庄子》的读者。

虽然《菜根谭》不是艰深哲学，书中并无密可解，但绝对是一本可启迪人生的很重要的书。我尽可能将本书编写得好看、有意义，也非常希望通过这本书，让读者们更好地掌握自己人生的方向与未来。

1

儒、释、道三教合一

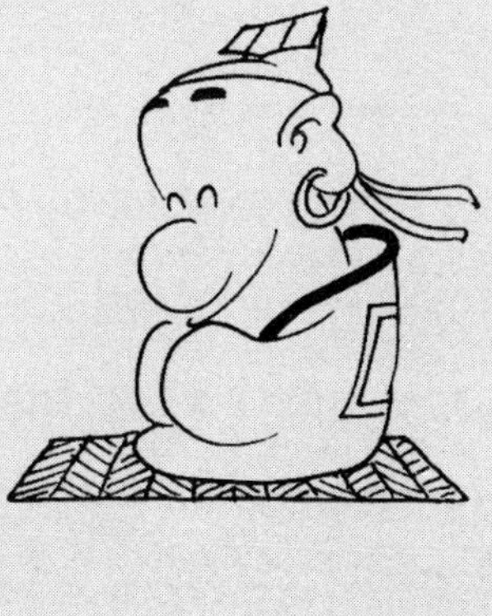

自古以来，儒家、释家、道家是中国影响力最大，信众最多的三个宗派，其教义都充满智慧，是劝人上进、修养自己、以达到为人处世最高的典范。虽然三家的思想语言各有不同，但各家说法还是深受人们喜爱。

晋朝时期，天竺高僧鸠摩罗什的弟子僧肇融合儒、释、道三家写了一本《肇论》。

明朝万历年间，道家隐士洪应明看到宦官专权，神宗皇帝治国无道，于是他秉承道家文化，以儒家中庸为核心，集修身、齐家、治国、平天下等大道思想，编写出一本内容集合儒、释、道三家精髓的劝世哲学箴语《菜根谭》。由于《菜根谭》融汇生活艺术、审美特色，书中内容鼓励人们看开世间短暂名利，奋发向上，情境描述得宛如布袋和尚《插秧诗》的境界：

手把青秧插满田，低头便见水中天；

六根清净方为道，退步原来是向前。

《菜根谭》简直就是第一部综合儒、释、道三家一体的国学作品，因此自明代以来，广受士人与民间老百姓欢迎，在中国已经风靡了数百年。

有一次，善慧戴道士的帽子，穿和尚的袈裟和儒家的鞋子去见梁武帝。

梁武帝问：“你是和尚吗？”

善慧指一指帽子。

梁武帝问：“你是道士吗？”

善慧指一指鞋子。

梁武帝问:“那么你是儒家?”

善慧又指一指衣服。

道冠、儒履、佛袈裟,汇成三家,作一家。禅是综合了儒、道、佛三家,而用之于日常生活。

文人不分儒释道

自六朝以来，很多文人雅士读遍各类经典，儒、释、道三家学者相互交往，跨越彼此界限。晋朝陶渊明、唐朝诗人白居易、唐朝药王孙思邈、宋朝邵雍、苏东坡、晁补之等人看起来都算儒家，但从思想、作品已无法将他们强分隶属于哪一家了。

陶渊明不肯为五斗米折腰，虽身为儒家，但他的行为很道家，观念很禅宗。

陶渊明说："如果不知世上有我，怎知事物可贵？"

陶渊明又说："我身尚非我所有，还会有什么烦恼能困扰我？"

白居易当杭州刺使时，常以禅堂寺院为题，创作诗作《题灵隐寺红辛夷花，戏酬光上人》：

紫粉笔含尖火焰，红胭脂染小莲花。
芳情香思知多少，恼得山僧悔出家。

白居易跟杭州西湖喜鹊寺的鸟窠禅师也是好朋友，为他写了一首《鸟窠和尚赞》：

形羸骨瘦久修行，一纳麻衣称道情。
曾结草庵倚碧树，天涯知有鸟窠名。

他曾经向鸟窠禅师问道。

白居易问："禅师住在树上太危险了。"

鸟窠禅师笑道："太守，其实你的处境更危险啊！"

白居易反问道："我在朝廷为官，位镇江山，何险之有？"

鸟窠禅师说："官场沉浮，钩心斗角，危险处处皆在，安得不危？"

白居易又问鸟窠禅师："什么是佛法大意？"

鸟窠禅师说："诸恶莫作，众善奉行！"

白居易说："这三岁小孩都知道。"

鸟窠禅师回答说："三岁孩儿也解道得，百岁老人略行不得。"

白居易听了，对鸟窠禅师肃然起敬。后来白居易常说："人生要放任自己的身心，一切听由自然造化。"

白居易晚年罢官，定居洛阳履道里。他笃信佛教，成为弥勒信徒，拜洛阳龙门东山香山寺僧如满禅师为师，自号“香山居士”“醉吟先生”。捐赠六七十万钱给香山寺，并长期住在香山寺，直至十八年后终老。

唐朝孙思邈自幼聪颖好学，敏慧强记，七岁时，每天能背诵一千多字，人称“圣童”。三十七岁以后，他看透政治钩心斗角、杀戮本质，加之道家和佛家思想影响，他鄙弃仕途，离开家乡，到太白山和终南山潜心钻研唐以前历代医家的著作。他将儒家、道家以及佛家的养生思想与中医学的养生理论相结合，提出许多切实可行的养生方法，长年为平民百姓治疗疾病，他的医疗技术达到炉火纯青的境地，后世尊之为“药王”。

邵雍说：“能休尘境为真境，未了僧家是俗家。”

邵雍又说："昔日所说我，而今变成他；不知今日我，以后变成谁？"

宋朝诗人晁补之说："人生要收敛自己的身心，寂静不动使之归于寂定。"

苏东坡也到杭州当过太守，他对佛学禅宗非常感兴趣，常去天竺寺，他跟天竺寺方丈辩才禅师是好朋友。曾二度参访当时中国最大的寺院——余杭径山寺，也写了十首跟径山寺有关的诗作。

《再游径山》

老人登山汗如濯，到山困卧呼不觉。

觉来五鼓日三竿，始信孤云天一握。

苏东坡的诗作：

横看成岭侧成峰，远近高低各不同；
不识庐山真面目，只缘身在此山中。

溪声尽是广长舌，山色无非清净身；
夜来八万四千偈，他日如何举似人？

稽首天中天，毫光照大千；
八风吹不动，端坐紫金莲。

苏东坡出身儒家，他却喜欢禅宗，跟佛印禅师是好朋友。这几首诗简直是开悟禅师所写的开悟偈。

以下是《菜根谭》有关于三教合一的篇章：

当下随缘，安分守己

释氏之随缘，吾儒之素位，
四字是渡海的浮囊。
盖世路茫茫，
一念求全，则万绪纷起。
唯随遇而安，
则无入而不自得矣。

佛家主张随缘，
儒家主张素位。
随缘素位四字是渡人生海洋的法宝。

人生之道遥远漫长，
事事要求完美，必产生忧愁烦恼；
凡事随遇而安，处处都会产生悠然自得之乐。

知身非我，烦恼何侵

世人只缘认得我字太真，
故多种种嗜好，种种烦恼。
前人云:“不复知有我，安知物为贵。”
又云:“知身不是我，烦恼更何侵。”
真破的之言也。

世人只因为把“自我”看得太重，才会产生种种嗜好烦恼。

晋代田园诗人陶渊明说:“如果不知世上有我，怎知事物可贵?”

陶渊明又说:“我身尚非我所有，还会有什么烦恼能困扰我?”

这真是至理名言。

即心即佛，何待观心

心无其心，何有于观。

释氏曰："观心者，重增其障，物本一物，何待于齐。"

庄生曰："齐物者，自剖其同。"

心中无杂念，又何必观心?

佛陀说："观心者，加重障碍；万物本来一体，何必划一平等？"

庄子说："齐物者，是将完整的东西强行分割开来。"

能休尘境为真境，未了僧家是俗家

缠脱只在自心，心了则屠肆糟廛，居然净土。
不然，纵一琴一鹤，一花一卉，嗜好虽清，魔障终在。
语云：“能休尘境为真境，未了僧家是俗家。”
信夫！

一个人能否摆脱烦恼，
完全在于自己的掌握。

若内心清净，即使生活于屠宰场或食堂，会觉得也是一片净土。反之，即使面对一琴一鹤，一花一卉，爱好虽高雅，魔障终在。

北宋五子邵雍说：“能休尘境为真境，未了僧家是俗家。”

确实如此！

不知今日我，又属后来谁

人情世态，倏忽万端，不宜认得太真。

尧夫云："昔日所云我，而今却是伊。不知今日我，又属后来谁？"

人能常作如是观，便可解却胸中罥矣。

人情世故瞬息万变，别太认真。

邵雍说："昔日所说我，而今变成他；不知今日我，以后变成谁？"

若能常常这样想，便可除去心中烦扰。

希腊哲学家赫拉克利特说："一个人不可能两次踏进同一条河流。"

因为人已不同，水也不一样了。

今日之我非昔日之我，当下情境非未来情境。

三家同堂
有一次，善慧戴道士的帽子，穿和尚的袈裟和儒家的鞋子去见梁武帝。
道帽
僧衣
儒鞋
你是道士吗?
善慧指一指帽子……
你是和尚吗?
善慧指一指鞋子……
那么，你是方内之人了?
善慧又指一指衣服……

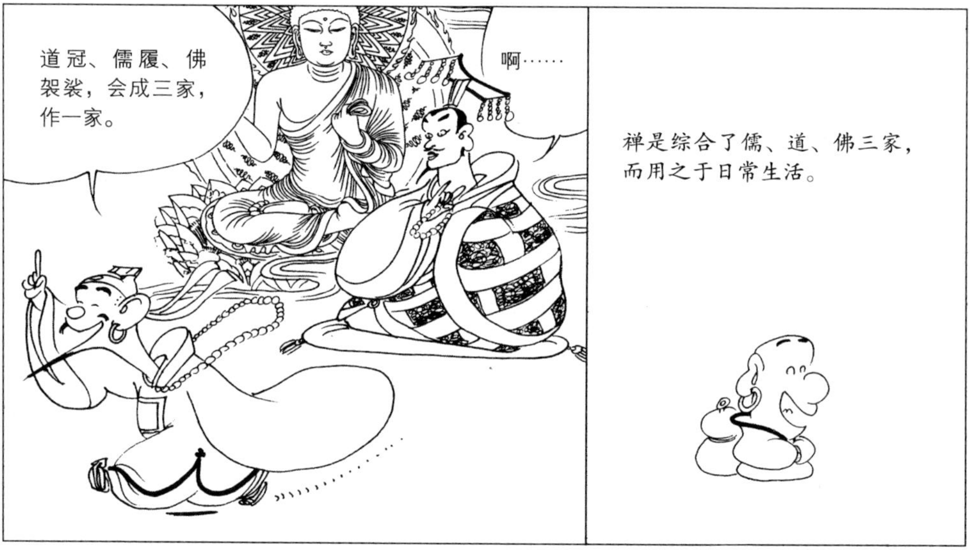
道冠、儒履、佛
架裟，会成三家，
作一家。
啊……
禅是综合了儒、道、佛三家，
而用之于日常生活。

2

取名『菜根谭』的由来

儒、释、道三家都一致推崇安贫乐道、达观自信的处世态度。快乐不在于物质享受，而是在于精神情操追求。

道家老子早悟通人生真理，他乐于埋身于古籍经典中，安于当个周室藏书管理官员，过自己平淡的一生。

老子晚年隐退时，也没想要把自己的思想著书以扬名立万。他退休后，骑青牛到函谷关时，受总兵尹喜苦苦哀求，才写下约五千字的《道德经》，这本书便成为道家最重要的经典。

庄子看透官场黑暗，厌恶仕途，他安于贫困，居陋巷，向人借粮，自织草鞋，穿粗布衣、破鞋，甘于隐居著书。

佛陀舍弃皇宫生活，到森林出家苦行，禅宗弟子参禅、念经、打坐，一日不做一日不食，自力更生，日中一食，过非常清苦的丛林修行生活。

孔子对弟子的生活要求也是如此。

颜回是孔门弟子中最好学的学生，孔子赞美颜回说：“贤哉，回也！一箪食，一瓢饮，在陋巷。人不堪其忧，回也不改其乐。贤哉，回也！”

孔子说：“君子吃不求饱足、住不求安逸、工作勤劳有效率、说话谨慎、积极上进，这样就算是好学了。”

孔子说：“饭疏食，饮水，曲肱而枕之，乐亦在其中矣。不义而富且贵，于我如浮云。”

《菜根谭》说：

浓酒美食、辣味甜品不是自然的口味；真正自然的口味只是淡。

能甘于粗茶淡饭不为物役，
抱负才得以伸张。

《菜根谭》主张不要为了短暂的名利而委屈自己，人要像浮云野鹤一样，过自由自在的精神生活。

《菜根谭》的书名正出自于“咬得菜根香，寻出孔颜乐”的人生境界。

淡中知真味
浓酒、美食、辣味、甜品
不是自然的口味；
真正自然的口味
只有“淡”。
具有神奇特异才能的人，
不是最高超的人；
最高超的人，言行只有平凡。
刺激、新奇的事物不能长久，
清淡平常才能持久。任何刻意
成就的，往往失去了本来面目，
自然才是真。

淡泊明志
能甘于粗茶淡饭的人，
心性必定玉洁冰清！
追求荣华富贵、
锦衣美食的人，
甘于为利益屈膝跪地。
甘于淡泊不为物役，
抱负能得以伸张！
贪图物欲，
名节因而丧失。
人不求人自然直，
甘于粗茶淡饭的人，
任何利益都不能
使他改变立场。

3

儒家思想

儒家学说是由孔子所创立的，是孔子继承夏、商、周三代传统文化所形成的思想体系。

孔子说："做一个学生，在家要孝顺父母；出外应当要恭敬尊长；做事谨慎而说话诚信；更要博爱众人而亲近有仁德的人。在践行这些德行以外，还要努力用功读书。"

孔子认为教育的目的是要培养从政的君子，而君子必须具有很高的道德品质修养，强调教育须将道德置于首位，他教导学生"孝、悌、忠、信、礼、义、廉、耻"人生八德。

孔子说："吾道一以贯之，无非忠恕二字而已。"

对内要做到"忠"：要有自知之明，注重修养，吸取别人长处，在家孝顺父母，尊敬师长，对朋友言而有信，讲义气。为官要清廉爱民，对待上司要忠诚，扮演好自己的角色，做好分内的事。

对外要做到“恕”：与人相处要站在对方的立场思考，处处为别人着想，人际关系要和谐。确实做好君臣、官民、朋友、师生、父子、夫妻、兄弟之间的关系。

忠恕做到止于至善，为人处世达到完美道德人格，就是“仁”。仁就是人与人之间的和谐关系，仁人的极致就是圣人。

但孔子对仁的要求很高。

孟武伯问孔子:“子路做到了仁吗?”

孔子说:“我不知道。”

孟武伯又问。

孔子说:“在拥有一千辆兵车的国家里,可以让仲由管理军事,但我不知道他是否做到了仁。”

孟武伯又问:“冉求这个人如何?”

孔子说:“在千户邑地或百辆兵车之家,可以让冉求当个总管,但我也不知道他是否做到了仁。”

孟武伯又问:“公西赤又如何?”

孔子说："可以让公西赤穿着礼服，在朝廷接待贵宾，但我也不知道他是否做到了仁。"

子张问："子文三次做宰相没感到欢喜，三次被免职也没感到委屈。卸任前总是认真办理交接事宜，这个人怎么样呢？"

孔子说："算是忠啊！"

子张问："算仁吗？"

孔子说："不知道，哪来仁？"

子张又问："崔子杀了齐庄公，陈文子抛弃家产逃到邻国，他说'这国的大夫同崔子一样'。又逃到另一国，他又说'他们同崔子一样'。于是又逃走。他这个人怎样？"

孔子说:“算清明了。”

子张问:“算仁吗?”

孔子说:“不知道,哪来仁?”

孔子说:“如果说我是圣人或仁人,我怎么敢当呢?不过倒是可以这样说我——永不满足于自己的修养,教导别人从不感到疲倦。”

孔子鼓励学生要有志气有理想，刻苦自己、努力学习，成为一个学有专精的君子，学而优则仕，学成之后到社会当官做事。

季康子问孔子说："仲由可以当官吗？"

孔子说："仲由做事果断，当官有什么困难呢？"

季康子又问："端木赐可以当官吗？"

孔子说："端木赐通达事理，当官有什么困难呢？"

又问："冉求可以当官吗？"

孔子说："冉求有才能，当官有什么困难呢？"

充满人性的孔子

孔子周游列国十四年，推展自己的治国理念，但得不到列国君主赏识，路上遭受隐者长沮、桀溺和楚国狂人接舆、卫国扛草筐者、鲁国隐士微生亩等人嘲讽时，孔子有雅量接受别人批评，他风度绝佳没出言反驳，而是自我解嘲一笑置之。

孔子处处不得志，四度面临被困断粮危机，当他面临生命危险之时，孔子依旧面不改色，充满自信。他乐天知命，自在地对弟子讲经授课、弹琴高歌。

孔子能修养到这种境界，正因为他有一套自己的人生哲学。

孔子说："人人喜欢富贵，如果以不正当手段取得，宁可不要富贵。人人厌恶贫贱，如果以不正当手段改善，宁可安于贫贱。君子去掉了仁心怎能算是君子呢？君子不违反仁道，平常时如此，颠沛流离时也如此。”

如果孔子的政治理念获得支持，那么他的成就充其量也只会跟管仲、子产媲美而已。由于孔子政治上不得意，迫使他将大部分时间用在教育上。使他成为中国有史以来最伟大的教育家、大思想家和世界十大文化名人之首。

以下是《菜根谭》中有关儒家的篇章：

心事宜明，才华须藏

君子之心事，天青日白，不可使人不知。

君子之才华，玉韫珠藏，不可使人易知。

君子心胸坦荡有如青天白日，

没有不可告人之事。

君子的才学像珍珠美玉，

珍藏不露不能轻易炫耀。

势利不近，巧诈不知

势利纷华，不近者为洁，

近之而不染者为尤洁。

智巧机械，不知者为高，

知之而不用者为尤高。

不去接近权势显赫，

就可保持自身高洁，

接近而能不为所动就更高洁了。

不会权谋术数才算高明，

会而不使用就更高尚了。

心思要密，操守要严

气象要高旷而不可疏狂，

心思要缜密而不可琐屑，

趣味要冲淡而不可偏枯，

操守要严明而不可激烈。

志气要高远，但不可狂妄自大；

心思要缜密，但不可过于琐碎。

情趣要淡雅，但不可流于枯燥；

操守要严明，但不可流于偏激。

无祸昭昭，无罪冥冥

肝受病则目不能视，肾受病则耳不能听。

病受于人所不见，必发于人所共见。

故君子欲无得罪于昭昭，先无得罪于冥冥。

肝脏有病，眼睛就看不清，

肾脏有病，耳朵就听不清。

病生在人所看不见之处，

病症必发作于人所能见之处；

所以君子要想表面无过，

必须从看不到的细微处入手。

山高无木，水湍无鱼

山之高峻处无木，

而溪谷回环，则草木丛生。

水之湍急处无鱼，

而渊潭停蓄，则鱼鳖聚集。

此高绝之行，褊急之衷，君子重有戒焉。

高峻的山顶不生草木，

而山谷溪流处则草木茂盛。

水流湍急处没有鱼类，

而深潭中聚集着很多鱼鳖水族。

过分高洁易缺乏生气，

过分激进则缺少仁心，

君子应引以为戒。

世态炎凉，我无嗔喜

世态有炎凉，而我无嗔喜。

世味有浓淡，而我无欣厌。

一毫不落世情窠臼，

便是一在世出世法也。

人情世态有冷热炎凉，

而我既不生气也不欣喜；

世间有浓淡的分别，

而我既不欣喜也不讨厌。

丝毫不落世情的俗套，

是人间在世法与出世法。

害人之心不可有

害人之心不可有，防人之心不可无，此戒疏于虑也；宁受人之欺，毋逆人之诈，此儆伤于察也。二语并存，精明而浑厚矣。

害人之心不可有，防人之心不可无！
这是劝诫警觉性不够的人。

宁可受人欺骗，也不事先猜疑别人！
这是告诫警觉性过高的人。

牢记以上两句话，
那才算是精明而又忠厚的人。

鸟语虫声，触物会心

鸟语虫声，总是传心之诀；
花容草色，无非见道之文。
学者要天机清澈，胸次玲珑，
触物皆有会心处。

鸟语虫声，是传递心声的语言，
花容草色，无非是自然的玄机。

学者要独具慧眼，胸怀磊落，
从周围的事物中领悟才能体会天机。

空不受染，水不留痕

彩笔描空，笔不落色，而空亦不受染；

利刀割水，刀不损锷，而水亦不留痕。

得此意以持身涉世，感与应俱适，心与境两忘矣。

彩笔描画虚空，笔不会掉颜色，

虚空也不受色所染；

利刀割水，刀刃不会受损，

水也不会留下刀痕。

君子处世不改变周遭环境，

也不受周围环境影响，心境两忘。

神酣布被窝中
能在粗布被窝
里睡得香甜，
即能体会天地
中的和平气象！
能在粗茶淡饭中
感到满足，
能将物质生活降到最低，
即能在精神生活中得到最
大的满足，因为再无人有
能力令你去做你不想做的
事了。
即能体会淡泊生活的美妙。

留一步与人行
走在狭窄的小路上，
要让一步给人行走。
你先请！
谢谢！
遇到利益，何妨
减三分与人同享。
这是立身处世
的安乐法门。
“世事让三分，天空地阔；
心田培一点，子种孙收。”
你对人谦让几分，
人也对你客气几分。

休与小人仇雠
小人自有对头。
不要和小人结仇，
不要对君子谄媚，
君子不会因此
放弃原则。
跟小人计较，
只会增加更多的困扰。
向君子取悦讨好，
只会招致对方的轻藐。

冥然任天造
白居易说：
人生要放任身心，一切听由自然造化。
晁补之说：
人生要收敛身心，寂静不动归于寂定。
但过于放任而不加检束，则易流于狂妄放荡；
过于收敛而不知调剂，则易流于枯寂死沉。
过于放任或过于收敛身心都失于偏颇乖违。执其中道而行，不偏不倚才能超凡入圣。
要善于操持自己的身心，做到宽严适度，收放自如。

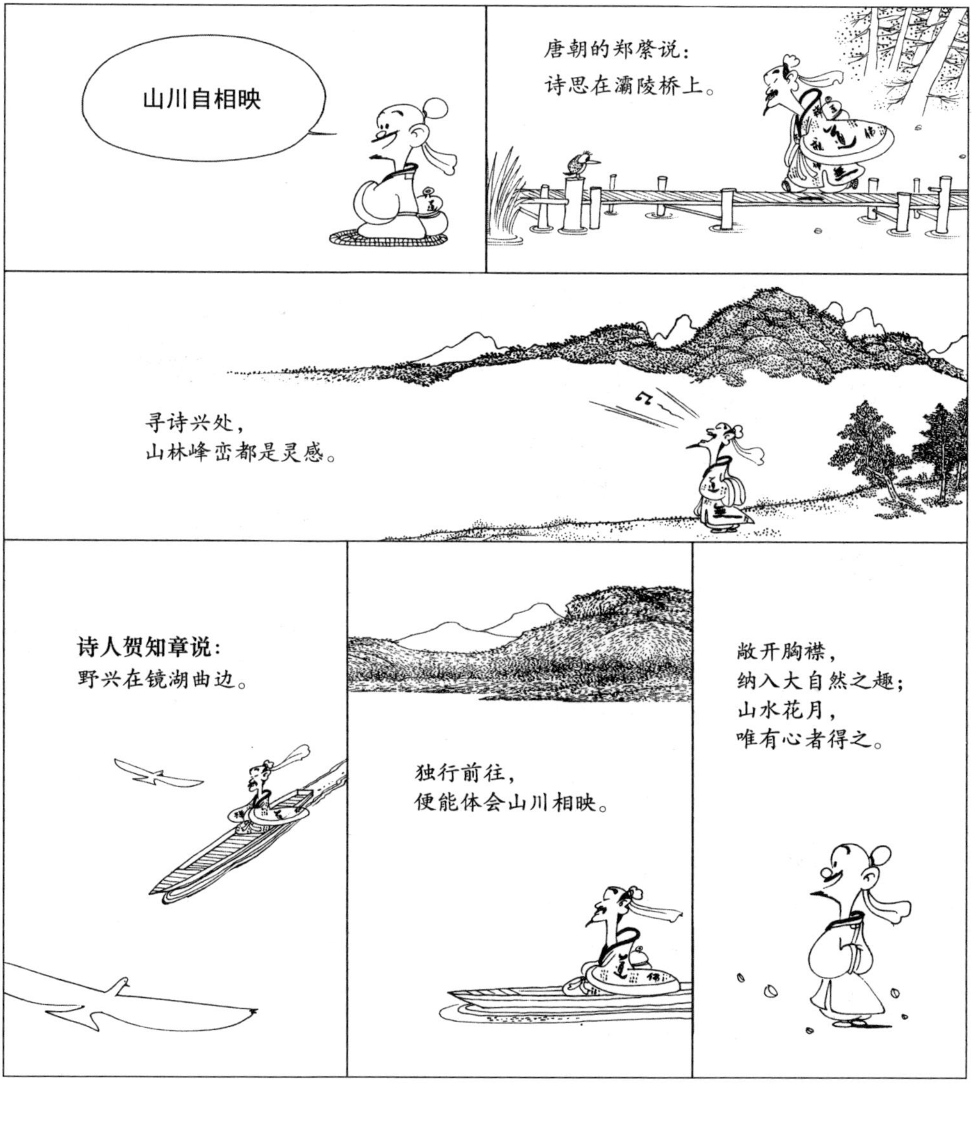
山川自相映
唐朝的郑綮说：
诗思在灞陵桥上。
寻诗兴处，
山林峰峦都是灵感。
诗人贺知章说：
野兴在镜湖曲边。
独行前往，
便能体会山川相映。
敞开胸襟，
纳入大自然之趣；
山水花月，
唯有心者得之。

文章做到极处
写得恰到好处，增一字则太多，减一字则太少。
文章做得高妙，没什么奇特，只是恰到好处。
太棒了！
好。
人品达到最高，没什么与众不同，只是尽本性。
他真是做到了尽仁尽义了。
处世应本着本性做自然的反应，不要有丝毫的勉强。夸张、虚假往往得不到好处。

老来疾病
老来得病，都是因为年轻时不爱护身体。
咳々
衰败的罪祸，都是因为得意时不知检点。
君子富贵得意时，
言行举止应谨慎。
一个君子在富贵得意时，应谨言慎行。年轻时，要多注意身体，一生才能安稳顺利。

读书希圣讲学躬行
读书不见圣贤,
有如摹写椠版的刻工。
做官不爱百姓,
有如穿着衣冠的盗贼。
讲学不身体力行,
就像只会念经而
不懂佛理。
南无阿弥陀佛
南无阿弥陀佛
南无阿弥陀佛
南无阿弥陀佛
咚咚咚!

事业成功却不积德，
就像易凋谢的花朵。
世间的事理都有真实和假象。求学的目的在于领悟书中的哲理，而不是表面的成绩。成就要与德业同行，才会有根基。

泛驾之马可就驰驱
再顽劣的悍马
也能驰骋千里,
溅出熔炉的金属最后
还是会被注入模型。
嘿嘿! 别再浑浑噩噩
地虚度光阴了。
贪图逸乐不振奋
精神,便终生不
会进步。
酒
明朝陈献章说:
"有缺点并不可耻,
一生中没有缺点才
应该担忧。"
这话说得
太好了!
一个人不怕有缺
点有过失,只怕
知道了自己的缺
点仍不知道悔改。

超越天地之外
仁
别人富贵，
而我坚守仁德；
富
义
别人高官显爵，
而我坚守节义。
爵
君子绝不被高官厚
禄笼络。
一个人若能坚决奋斗，
必能战胜环境；
集中意志能变化气质。
因此君子不被
造物者主宰。
一个有为有守的君子，
应以仁爱待人，
以道德处世。
不因别人而动摇心志。
宁可做个自由人，
何必为名利富贵所困？

冷眼观人
以冷眼观察
人的行为；
以冷耳细听
人的话语；
以冷静情感判断事情；
以冷静的心思考事理。
感情往往是冲动的，处理事情应多方观事、冷静观人，以理智处世就不容易犯错了。

毋忧拂意
别为一时不如意而烦恼；
哈哈，我得到一大笔横财。
别为一时称心如意而高兴！
别因为长期安定而有恃无恐；
别因为起步困难而畏缩不前。
一个人当坚持信心和毅力，不可为了一时的安定喜悦而松懈了勤奋的精神。只有勇往直前，才能不断地突破和进步。

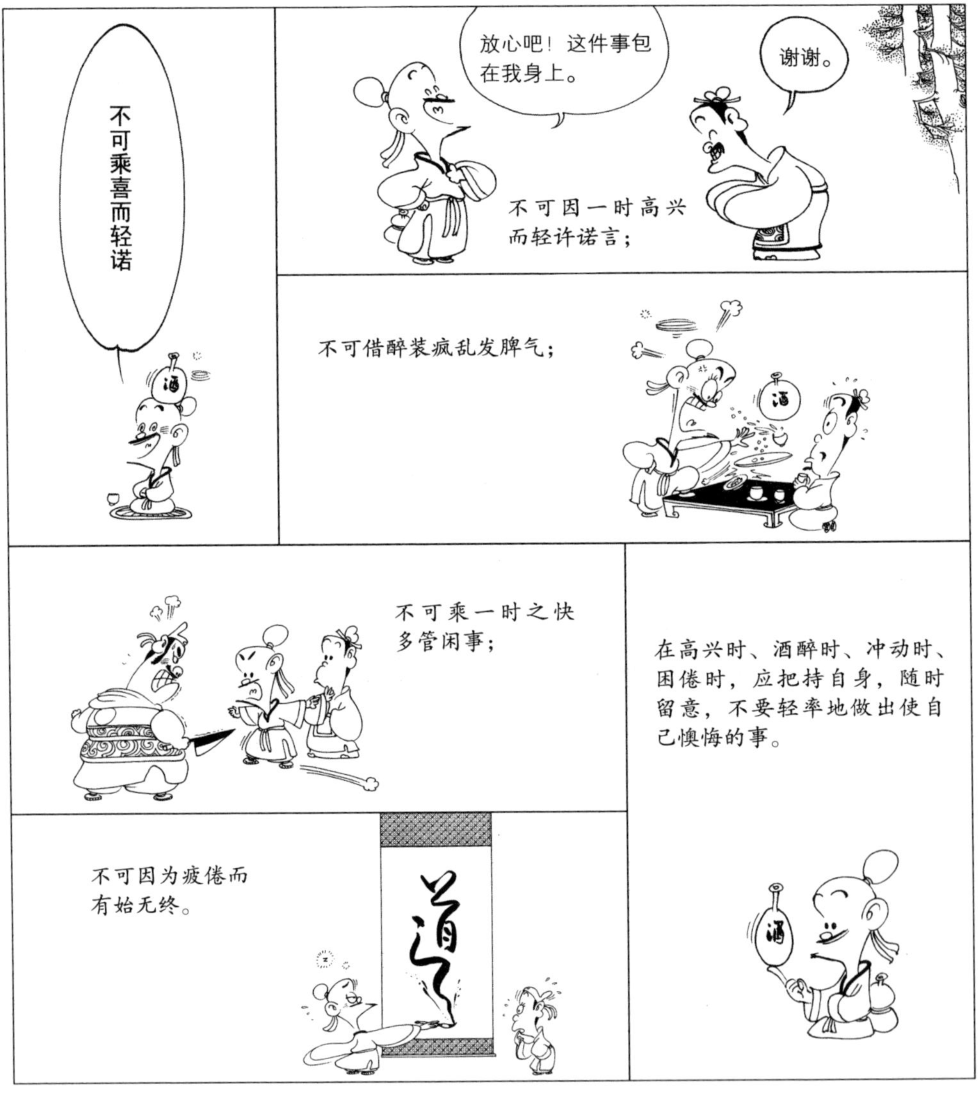
不可乘喜而轻诺
放心吧！这件事包在我身上。
谢谢。
不可因一时高兴而轻许诺言；
酒
不可借醉装疯乱发脾气；
酒
不可乘一时之快多管闲事；
在高兴时、酒醉时、冲动时、困倦时，应把持自身，随时留意，不要轻率地做出使自己懊悔的事。
不可因为疲倦而有始无终。
酒

饮宴之乐多
喜欢优美淫靡歌声的人，不是个好人。
经常宴客作乐的家庭，不是个好家庭。
利
名
名利权位观念重的人，不是个好臣子。
声色、宴乐、名位虽然都为人所好，但必须懂得节制，不可过分贪求，否则必遭灭顶之灾。

4

佛学禅宗思想

两千五百多年前，由于人类从游牧狩猎走向定居的农业时代，形成氏族部落，少数统治阶层成为不必劳动的贵族，于是便有时间思考宇宙与人生问题。

差不多同一时期，世界几个文明古国都呈现出极为灿烂的文化，当地杰出学者和思想家纷纷产生。印度兴起一股反对婆罗门教的沙门思潮，佛陀是这股沙门思潮的佛教创始者。佛陀涅槃数百年后，佛教已在印度消失了，而在亚洲其他地区兴盛。今天佛教和基督教、伊斯兰教并称为世界三大宗教。

佛教是心的教导

众生心生，则佛法灭；

众生心灭，则佛法生。

佛教建立在“诸行无常、诸法无我、涅槃安静”三法印的基础上，世间有形无形的事物随时变化，人的烦恼来自于那颗贪欲渴望的心，要消除痛苦，唯有无我地融入于当下眼前情境。

无明众生自以为有一个恒久不变的自我，面对任何情境时，都以自我立场去分析情境的好坏顺逆，于是产生爱憎分别。然而世界只是随顺变化，不会依我们的期待展现。佛陀教导我们如何正确使用我们的心，令心寂灭不生妄想妄念，以达到寂静的智慧彼岸。

佛教是佛陀对众生应如何正确使用心的教导，因此佛教可称为“心教”。

东汉永平十年，汉明帝派遣使者到西域广求佛教经典，白马驮经迎回天竺高僧到洛阳白马寺，大量翻译佛学经典。南北朝时佛教已经遍布全国，光是洛阳城内，寺院便多达1367所。

佛教东传中土，一直是中国的主要信仰，佛教哲理与儒、道结合融会激荡，形成中国文化主流。

禅在印度原本只是打坐的禅那，中国禅宗则是六朝时期，晋室南迁之后，避乱江南的士大夫把崇尚佛学、老庄的清淡之风带到江南。很多僧人都是般若、老、庄一起谈，思想上基本不分彼此。中国禅宗是天竺僧人与中土修行僧众和道家居士们相互激荡所创出来的。以下四个犀利睿智的六朝清谈，很像禅宗的机锋问答。

世尊默然

范宁做豫章太守的时候，到四月八日用文书向寺院请佛像，和尚们正考虑应不应该答应。

这时坐在末座的小和尚说："世尊不说话，就是准许了。"

如来背痛

庾亮进入佛寺，看到一座卧佛，

庾亮叹道："佛祖普度众生度累了吧！所以睡卧在这里。"

如游蓬户

简文帝喜欢竺法深禅师的德风，遣使迎法师到宫中小住。

刘谈见了说：“和尚怎么喜欢住朱门？”

竺法深说：“你自己才把这里看作朱门，对我而言，这里与破房子没有不同。”

不动情欲与不忘情

张玄之九岁，顾敷六岁，两人小时候都很聪明，是顾和的外孙和孙子。

有一次顾和带他们一起到庙里去，看见卧佛像，旁边佛弟子有的哭，有的不哭。

顾和就问两个孙子:“为什么会这样？”

张玄之说：“得到佛的宠爱，所以哭；没有得到宠爱，所以不哭。”

顾敷说：“不对，应该是因为不动情，所以不哭；不能忘情，所以哭。”

天竺高僧鸠摩罗什门下十哲四圣,都是精研老庄的学者。鸠摩罗什的弟子僧肇是著名佛学理论家,僧肇以老庄思想为心要发展般若中观学说,创出中国化佛教哲学体系。后来佛教结合道家形成天台宗、华严宗、禅宗等中国式的佛教派别,尤其是禅宗,道家所提倡的“忘我”和禅宗的“无我”几乎完全一样。

禅宗是汉传佛教影响最大、传播最广的宗派,中国经历三武一宗四次大规模灭佛,佛教还能存在的主要原因是禅宗实施“一日不做一日不食”“自给自足”的丛林清规。当政治环境不允许之时,僧人便到山林自食其力独自修行,直至今日,中国和日韩流传下来的名刹大多是临济宗、曹洞宗等禅宗寺院。

指月的喻语
无尽藏尼对六祖慧能说：
我研读《涅槃经》多年，却仍有多处不甚了解，还请不吝指教。
我不认识字！请您把经文念出声，或许在下可以略解其中的真理。
你连字都不认得，如何能了解其中的真理？
真理是与文字无关的！真理像天上的明月。
而文字却像你我的手指。
手指可以指出明月的所在，但手指却不是明月，看月也不必一定透过手指，不是吗？
语言、文字只是借用来表达真理，只是帮你达到悟境的舟车而已，误将文字以为真理，不正像误以为手指是月亮一样可笑吗？

什么是禅?

禅,不立文字、教外别传、直指人心、见性成佛。

禅,借教悟宗,透过佛陀的教导,悟出禅宗的真谛。特属于中国的禅宗,其实含有很多中国道家思想。

虽然《菜根谭》编列儒、释、道三家思想,但有关于佛学则大部分属于禅宗。《菜根谭》有一则提到:

抛却自家无尽藏,
沿门持钵效贫儿。

规诫人不要忽视自己所拥有的,正出自于禅宗故事。

大珠慧海到江西参马祖时，马祖问他说：“你从哪里来？”

慧海说：“我从越州大云寺来。”

马祖说：“来这里做什么？”

慧海说：“我来求佛法。”

马祖说：“放着自家宝藏不珍惜，抛弃自家宝藏到处乱走干什么？我这里一物也无，你来求什么佛法呢？”

大珠慧海问：“什么是慧海的自家宝藏呢？”

马祖说：“现在问我的这个，就是你自家宝藏！”

另有一则“饥来吃饭倦来眠”还是引自大珠慧海：

禅宗曰：“饥来吃饭倦来眠。”

诗旨曰：“眼前景致口头语。”

盖极高寓于极平，至难出于至易，有意者反远，无心者自近也。

学僧问大珠慧海禅师说：“师父，应该如何努力于道的修习。”

大珠慧海禅师说：“饿了就吃；困了就睡。”

学僧说：“一般人不是这样做吗？”

大珠慧海禅师说：“不不不！一般人吃的时候心有一千个欲望，睡的时候在解开一万个结。”

多少人每一个早晨不是在摆脱数不清的昨日束缚中醒来？应把一切使心灵陈腐的危险抛开，用本性去生活，因为“平常心”是道。

《菜根谭》有一则引自马祖道一和弟子百丈的禅宗故事:

风来疏竹,风过而竹不留声;

雁渡寒潭,雁去而潭不留影。

马祖和百丈师徒两人去外散步,看到一群野雁正好飞过寒潭。

马祖说:“那是什么?”

百丈说:“是野雁。”

马祖说:“飞到哪里去?”

百丈说:“飞走了。”

马祖掐住百丈的鼻子。

百丈痛得大叫："哇！痛痛痛……"

马祖说："明明还在啊，哪有飞走？"

竹影扫阶尘不动，
月轮穿沼水无痕。

这段话则来自于水月观音的典故：

唐朝大画家周昉曾画过一张水月观音。众生误以为有个恒久不变的自己，常以自我主观立场看待事物，于是便有了际遇的好坏顺逆，因此众生心常受世间一切眼前情境影响而随时波动。

水月观音所画的就是观世音菩萨独坐水边，观水中之月，看到潭面不因为月影穿过而波动。隐喻世间一切眼前情境有如月影，我们的心要像潭面一样，不要被当下眼前情境影响，引起心的骚动。

以下是《菜根谭》有关佛学禅宗的篇章：

虚意净，明心见性

心虚则性现，不息心而求见性，
如拨波觅月。

意净则心清，不了意而求明心，
如索镜增尘。

心虚则性现，不静心而求见性，
如同水中捞月不可得；
意净则心清，不了意而求明心，
如同在落满灰尘的镜子里照自己，
根本照不清。

不为法缠，不为空缠

竞逐听人，而不嫌尽醉，

恬淡适己，而不夸独醒。

此释氏所谓“不为法缠，不为空缠，

身心两自在”者。

别人争名夺利与我无关，

也不指责别人醉心名利；

淡泊是自己的个性，也不自夸：

世人皆醉我独醒。

这就是佛家所说“不为法缠，不为空缠，身心安适自在”。

多心招祸，少事为福

福莫福于少事，祸莫祸于多心。

唯苦事者方知少事之为福，

唯平心者始知多心之为祸。

幸福莫过于无事，灾祸莫过于多心。

只有整天忙碌的人，

才知道无事是最大的幸福。

只有心如止水的人，

才知道多心是最大的灾祸。

退一步，宽平一步

争先的径路窄，退后一步，自宽平一步。

浓艳的滋味短，清淡一分，自悠长一分。

与人争道便觉得路很窄，

退后一步路径宽平一步；

浓艳滋味容易使人生腻，

清淡一分滋味悠长一分。

寒灯无焰，不失本来面目

寒灯无焰，敝裘无温，不失本来面目；

心似死灰，身如槁木，未免堕落顽空。

孤灯暗淡无光，破裘失去了温暖，

但孤灯破裘不失本来面目。

如果心如死灰，身如槁木，

这种人等于堕落为冥顽空虚的僵尸。

当下休，当下了

人肯当下休，便当下了。

若要寻个歇处，则婚嫁虽完，

事亦不少，僧道虽好，心亦不了；

前人云："如今休去便休去，若觅了时无了时。"

见之卓矣！

当该放下时就要放下。

如果想找个好时机再放下，

会像婚嫁虽完，接下来的杂事还更多，

和尚道士尽管清闲，但心中还有凡事未了。

古人说："现在能放下便放下，若说要找个机会才放下，恐怕永无放下之日。"

这话太精辟了！

猛兽易服，人心难制

眼看西晋之荆榛，犹矜白刃；

身属北邙之狐兔，尚惜黄金。

语云："猛兽易伏，人心难降；

溪壑易盈，人心难满。"信哉！

眼看西晋就要亡国，

高官贵族还在炫耀武力；

明知将要葬身北邙，

还那么吝惜黄金。

俗话说："猛兽容易制服，人心却难以降服，沟壑容易填满，欲望却难以满足。"

这话一点不假！

来空空，去空空

树木至归根日，而后知华萼枝叶之易空；

人生到盖棺时，而后知子女玉帛之难守。

树木枯死时，才明白茂盛枝叶，

只不过是一时荣华；

人到将死时，才知道子女钱财都是带不走的身外物。

即心即佛，何待观心

心无其心，何有于观。

释氏曰：“观心者，重增其障，物本一物，何待于齐。”

庄生曰：“齐物者，自剖其同。”

心中无杂念，又何必观心？

佛陀说：“观心者，加重障碍；万物本来一体，何必划一平等？”

庄子说：“齐物者，是在刻意分解完整一体的宇宙万物。”

庚亮进入佛寺。
看到一座卧佛，便叹道：
如来背痛
佛祖普度众生度累了吧！所以睡卧在这里。

师父，应该如何努力于道的修习？
平常心
肚子饿了就吃饭，疲倦了就睡觉。
一般人不是这样做吗？
不不不！一般人不是这样……
一般人吃的时候在想一千个欲望，睡的时候在解开一万个结。
每一个早晨多少人不是在摆脱数不清的昨日的束缚中醒来？应把一切使心灵陈腐的危险抛开，用本性去生活，因为“平常心”就是道。

马祖和百丈师徒两人出外散步，看到一群野雁。
那是什么?
是野雁。
飞到哪里去?
飞走了。
哇！痛痛痛！
明明还在啊……哪里有飞走呢?
至人用心若镜，一切理、事、物来了，自然地鉴知反应；时过境迁，却又“事如春梦了无痕”。
何尝飞去

事去心随空
风吹竹林，
风过而竹
不留声；
雁渡寒潭，
雁去而潭不留影。
君子在事情来临时，
以本性完全反映当下。
啪！
事情过后，
心性又恢复
成空的状态。
人往往为了还没来临的事
牵肠挂肚，为了已发生的
事懊恼后悔，于是日子过
得痛苦不堪了。

竹影扫阶尘不动
高僧说：
竹影扫阶尘不动，
月轮穿沼水无痕。
儒者说：
水流任急境常静，
花落虽频意自闲。
人们若常抱这种观念待人处世，身心该是何等自在？
君子应随缘而居，事情来了就全力以赴，事情过去了也要平心静气，勿患得患失，才不失本性。

水不波则自定
水不兴波自然平静，
镜不蒙尘
自然明亮。
人心没什么可
清洗，去除心绪
杂念，自然清心
自在。
快乐不需
往外寻求，
只需去除身心的痛苦
根源，快乐自然存在。
人心本是清净，但
往往被妄想杂念
所遮蔽，因此只要
拭去妄念，清净光
明的本心自然就
会出现。

人生福境祸区
利欲熏心，即是火坑；沉溺贪爱，便堕入苦海。
一念清净，火坑变成水池，一念惊觉，即登彼岸。
佛陀说：
人生的幸福苦恼，是由自己的观念所造成。
念头稍有不同，所处的境界就有差别。人能不小心谨慎吗？
内心沉溺于贪爱，名利欲念太重，就易陷于罪恶的深渊，引火烧身。只要及时醒觉，就能脱离无边的苦海！

听静夜之钟声
倾听深夜钟声，
能唤醒迷境之人。
静观明潭月影，
能见自己的本性。
万籁俱寂之夜听钟声，能感受到和平之气，心智更明鉴，平日所迷者往往因此豁然领悟。

真空不空
真空不空，
执相非真，
是什么？
浪！
错了，不是浪而是水！
破相也非真。
身在俗世，要超脱世俗。
请问世尊，如何解释？

欲求不满是苦，
断欲也是苦，
修行道上各人
擅自修持。
执着于物或偏执于虚幻，
都是违反自然真理。
只有身在世俗中，
而心怀超脱世俗之外，
才是最高妙的处世之道。

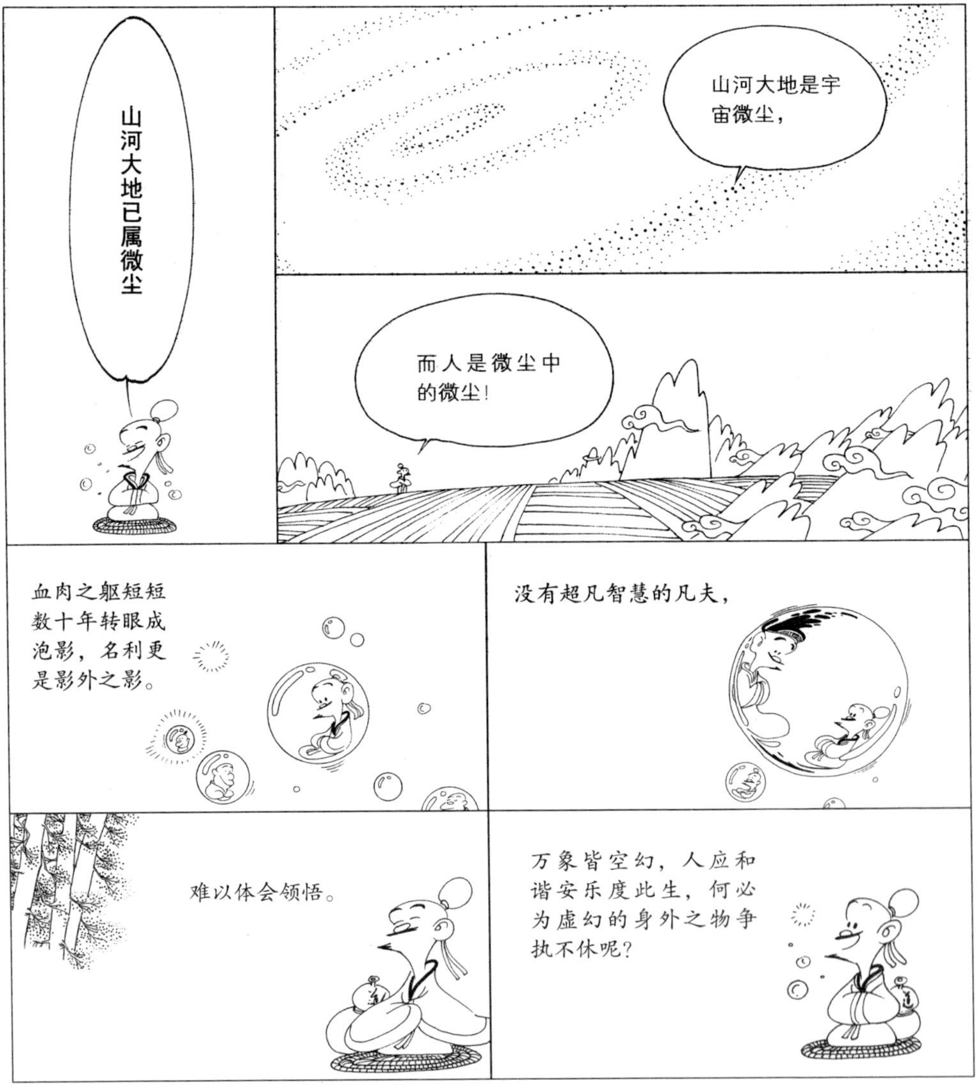
山河大地已属微尘
山河大地是宇宙微尘，
而人是微尘中的微尘！
血肉之躯短短数十年转眼成泡影，名利更是影外之影。
没有超凡智慧的凡夫，
难以体会领悟。
万象皆空幻，人应和谐安乐度此生，何必为虚幻的身外之物争执不休呢？

才就筏便思舍筏
刚坐上竹筏就舍弃竹筏，是到达彼岸的悟道者。
如果骑驴找驴，终究成不了开悟禅师。
??
船筏只是借以到达目的地的工具，故应得鱼忘筌、得兔忘蹄、得意忘言。人的自身，一切具足，往外去追觅真理，往往是愈追愈远了。

饥来吃饭倦来眠
乌窠禅师说：
饿了就吃，困了就睡。
论作诗要旨的人说：
从眼前景物入手，多运用日常口语。
高深的道理隐藏于平凡，
至难出于至易，
日常生活即是道，把握眼前所见所接触的一切事物，体会其中的道理，所获得的启发即是最真切的学问。
道
有意求道离道远，
道
无心求道离道近。

一字不识
一字不识而有诗意的人，
领悟了作诗真趣。
春天月夜
雨声蛙！
一偈不参而有禅味的人，
领悟了禅宗玄机。
你度人成佛，
我度石头成佛！
认识文字参研禅偈只是便于读书作诗、认识禅理的一种方式，故学习过程的长短与真正领悟了教义没有绝对的关系。

抛却自家无尽藏
抛却自家无尽藏，沿门持钵效贫儿。
古人说：
不要夸耀自己的才华财富，你所拥有的别人未必比你少。
古人又说：
前句劝人不要忽视自己所拥有的。后句劝人不要夸耀自己所拥有的。
这是做学问的人应该深切警惕的。
天下万物，每个个体都是独一无二有其存在价值的，不必跟人比较，不要妄自菲薄，自傲自夸。

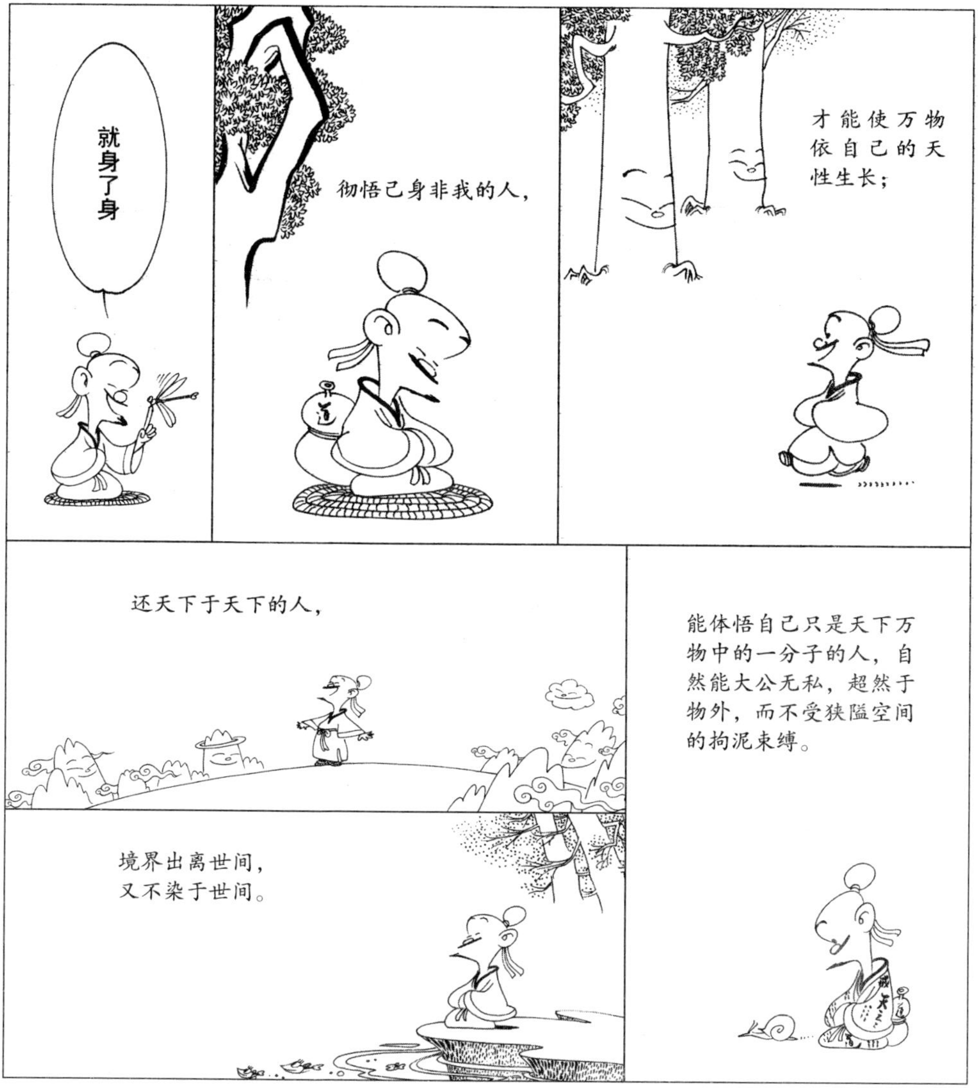
就身了身
彻悟己身非我的人，
才能使万物依自己的天性生长；
还天下于天下的人，
能体悟自己只是天下万物中的一分子的人，自然能大公无私，超然于物外，而不受狭隘空间的拘泥束缚。
境界出离世间，又不染于世间。

5

道家老庄思想

一

道家起源于三皇五帝，出自于观察星象、管理王室典籍档案的史官，通常都是当时的大学者，道家可说是古代的国家智者。

春秋末年，老子集古圣先贤智慧，总结古老道家思想精华，著作《道德经》。

道家代表人物孙武、鹖冠子、范蠡、张良等人都充满睿智。儒家鼓励大家邦有道时，出来做事，邦无道时，隐居以避免遭受祸害。道家刚好相反，主张“道存则隐，道废则现”。当天下有道则隐，天下混乱则出来维持正义，每当灾世来临之时，道家智者出而挑战灾难乱源，拨乱反正，他们不钦羡名，不追求利，既可入世建功，也能功成身退飘然而去，同时避免了“狡兔死，走狗烹；飞鸟尽，良弓藏；敌国破，谋臣亡”的悲惨下场。

道家老庄思想，是中国哲学史上唯一能与儒家思想分庭抗礼的伟大学说，在中国思想发展史上占有的地位绝不低于儒家和佛家。

老子在周室藏书室当官，他集古圣先贤的智慧精华，悟通人在自然宇宙中的处世之道，著作《道德经》，成为道家思想的创始人。

儒家崇尚“仁义”，
道家思想的精华是“道德”。

老子说：

有一个浑然一体的东西，在天地还没有形成之前就已经存在了。它是天下万物的根本。我不知道它的名字，所以把它叫作“道”。

道生一、一生二、
二生三、三生万物。

天下万物生于有，有生于无。

道家认为宇宙万物是由气产生的。天地开始的时候，没有物体，没有形象，姑且称之为“无”。无就是宇宙本原，道的本体。

一阴一阳谓之道，阴阳成就万物，一切有形无形都源起于气。人之生，气之聚也，一切事物都源于气。宇宙中一切阴阳、天地、日月、动静、明晦、生死、消长、男女、雄雌都是气的变化过程。

以“道”的角度而言，宇宙万物齐一，没有小大、短长、美丑、好坏区别。

道，是超越时空的无穷本体，它生于天地万物，而又无所不包，无所不在，呈现于一切事物中。

老子说:

失道而后德，失德而后仁，

失仁而后义，失义而后礼。

老子认为人自以为聪明，以智取巧，实在是愚昧的根源。当社会需要以礼法维系时，虚伪巧诈也就产生了，祸乱就跟着来了。因此人应守质朴的大道，不要虚伪的巧智。舍弃礼智的浮华，取用道的厚实。

为君之道，应因天循道、无为而治、守雌用雄、君逸臣劳、清静无为、因俗简礼、休养生息、依法治国、宽刑简政。

《菜根谭》很赞同老子小国寡民的说法：

竹篱下，忽闻犬吠鸡鸣，恍似云中世界。

芸窗中，偶听蝉吟燕语，方知静里乾坤。

老子说："理想的国家是国土很小，人民很少，有兵器也不使用，人民不需要迁移远方，虽有舟车也没机会乘坐，虽有军队也无处部署，人民恢复结绳记事。恬淡寡欲，吃粗食但觉得甘美，穿破衣但觉得很美，居陋室但觉得安适，风俗简朴而快乐。和邻国彼此看得到，鸡鸣狗叫彼此听得到，人民直到老死也不相往来。"

宠辱不惊，看庭前花开花谢；

去留无意，随天外云卷云舒。

这篇是回应老子宠辱若惊的说法。

老子说：

宠辱若惊，世人得失心太重，得到荣宠和受到屈辱都心惊害怕。

世人心目中，荣宠是高尚的，得到荣宠就觉得高贵，因而怕失去荣宠。畏惧大祸患，也因而心惊。为什么呢？

屈辱是低下的，受到屈辱就觉得丢人，所以害怕受屈辱。

我们所以有大祸患，是因为常想到自己的关系。

假如能忘了自己，那还有什么祸患呢？

所以一个人愿意牺牲自己为天下人服务，就可以把天下交给他。

人应无私，忘我。若能置生死于度外，一切宠辱祸福都不足以动摇其心志了，还何惊之有呢？

庄子是老子的信徒，他在《老子》的基础上，逐步形成了他独特思想风格的哲学体系。

《庄子》一书著于战国时代，当时道家主流是黄老之术，直到东晋时《庄子》才受世人关注。由于三国时代，战争频繁，社会纷争，有识之士目睹诸侯征战的残酷，于是玄学开始盛行，六朝清谈之风大盛，老庄学说便成为道家思想的主流，这时《庄子》才受世人重视。

庄子文笔很好，他首创以寓言形式解说道家哲学，内容充满神奇怪异的人物与绮丽的故事。

不可想象的怪人
有一个怪人，头弯到肚脐下面，两个肩膀高过头顶，发髻朝天，五脏不正，腰夹在两股中间，他叫作支离疏。
支离疏替别人缝洗衣服，就可以养活他自己。
大吉大利。
替人卜卦算命，可以养活十几个人。
在乱世的时候，官吏到处拉人去当兵，支离疏大摇大摆地在路上走，没有人会要他。
哼哼！
而有时候，政府救济贫民，支离疏被列入甲级贫户，可以领到不少的柴米。
米
有智慧的人，不计较形貌的残缺和丑陋。残缺和丑陋也能免除许多的祸害。
对！
酒

风和蛇
夔是一种独脚兽。
蚿是一种百足虫。
我用一只脚走路，再方便不过了，你用那么多脚怎么个走法呀?
我顺着自然的安排来走路，一点也不费心呀!
!
我用好多脚走路，还不如你没有脚走得快，为什么呢?
我是顺着自然的天机来运动的，哪需要用得着脚呢?

"风"连个形体都没有，而可来去自如，才厉害呢！
我是走得很快，可是"眼睛"比我更厉害呢！
"眼睛"看到哪里，就已经到哪里了！
"心"更是不得了，心想到哪里就已经到哪里了。

可是我却能拔大树，倒大屋，这就是我。
自然的用处，
各有其妙用，
而无大小之分。

知识和大道
大道
知
"知"到北方去游历，
有一天遇见了"无所谓"。
無所謂
知
怎样思考才能明白大道？
怎样动作才能安于大道？
怎样的法门才能获得大道？
無所謂
知
无所谓！
无所谓！
无所谓！
??
知
我想问你三个
问题……
狂屈
知
"知"得不到解答，
便又来到白水的南
边，遇到了"狂屈"。
狂屈
如何明白大道？如何安于大
道？如何获得大道？
狂屈
知

我知道。我想告诉你,但我却忘了我要说的话。
!
狂屈
知
"知"还是没有得到解答,便去问黄帝。
??
知
不要用心去思考,才能明白大道;不要用心去动作,才能安于大道;不要用心去依据法门,才能获得大道。
知
你我都知道大道。无所谓和狂屈却不知道。
知
错了!无所谓是合于大道,狂屈是接近大道,你和我距大道还远得很哩!
知
"知"是"言"的境界,
"狂屈"是"言无言"的境界,
"无所谓"是"无心、忘言"的境界。
用"知"用"言"是无法测量大道的。
大道

洪应明本身是道家隐士，有关道家思想的部分，他常引用老子，引用庄子的更多：

石火光中，争长竞短，

光阴究有几何，蜗牛角上，

较雌论雄，世界究有许大？

这一则来自《庄子》的蜗牛角上两国：

魏惠王与齐威王互相结盟，隔了不久，齐王便背信了。

魏王大怒道：“立刻发兵攻打齐国！”

庄子说：“大王先听我说，有个叫蜗牛的小动物，大王知道吗？”

魏王说:“知道哇!”

庄子说:“有个建国于蜗牛左角的叫触氏,另有一个建国在右角的蛮氏,两国经常为了争夺土地,互相攻战,死伤数万。”

魏王说:“胡说!哪有这种事?”

庄子说:“大王!天地四方有穷尽吗?”

魏王说:“没有穷尽!”

庄子说:“在天地之间有个魏国,魏国有个大梁城,大梁城中有个宫殿,宫殿中有个大王,那么魏国、齐国和蜗牛角上的蛮氏、触氏有什么分别?”

世人争地、争利,在有道的人看来,就像蜗牛角上的两国在角斗一样，不是吗？

《菜根谭》有一则“螳螂捕蝉，黄雀在后”：

鱼网之设，鸿则罹其中；螳螂之贪，雀又乘其后。机里藏机，变外生变，智巧何足恃哉！

庄子曾短暂担任过漆园官员。

有一天，庄子满脸不快。

学生问：“老师，你为什么不高兴？”

庄子说：“人都是见利而忘本啊！昨天我到栗园游玩，看到一只蝉在高歌鸣唱，自以为很安全，不知道后面有一只螳螂正要吃它；螳螂一心想吃蝉，却也没有注意后面的黄雀正趁机想吃螳螂呢！”

栗园守卫说:"你想偷栗子是不是?"

庄子说:"我在栗园守候黄雀,也忘记了自己的危险,结果被人误会在偷栗子,真是受气。"

另外有一篇则来自于《庄子》的相濡以沫：

鱼得水逝，而相忘于水，

鸟乘风飞，而不知有风。

识此可以超物累，可以乐天机。

江湖的泉水干枯了，鱼儿都困在地面上，很亲切地用口沫互相滋润。

大鱼对小鱼说："沾润一点我的口水吧！免得渴死呀。"

小鱼说："谢谢你！你真仁慈又义气呀。"

这倒不如江湖水满的时候，大家悠游自在，不必相互照顾的好。

身如不系之舟，一任流行坎止；

心似既灰之木，何妨刀割香涂。

这则引自《庄子》的不系之舟：

能者劳，智者忧。无能者无所求，吃饱了便到处逍遥。像是一条没有绳索绑住的空船，在水面上摇呀摇的，自由自在。

以下是《菜根谭》有关道家的篇章：

前念不滞，后念不迎

今人专求无念，而终不可无。
只是前念不滞，后念不迎，
但将现在的随缘，打发得去，
自然渐渐入无。

现在的人想达到心中无念，
但总是做不到。

其实只要不追悔过去，
不企盼将来，随缘当下。
能做到这点，自然就会进入无我境界。

万物皆吾一体

以幻迹言，无论功名富贵，

即肢体亦属委形；

以真境言，无论父母兄弟，

即万物皆吾一体。

由虚幻角度而言，功名富贵、

肢体身躯只是暂时形态；

由真实角度来说，父母兄弟、

宇宙万物都和我浑然一体。

随起随灭，太虚同体

心体便是天体。
一念之喜，景星庆云，
一念之怒，震雷暴雨，
一念之慈，和风甘露；
一念之严，烈日秋霜。
何者所感，只要随起随灭，
廓然无碍，便与太虚同体。

心体便是宇宙本原，
一念之喜，就像星光灿烂。
一念之怒，就像震雷暴雨。
一念之慈，就像和风甘露；
一念之严，就像烈日秋霜。

无论哪种情绪，只要能随生随灭，
不要郁积于心，就能与太虚同体。

大智若愚，大巧若拙

真廉无廉名，立名者正所以为贪；

大巧无巧术，用术者乃所以为拙。

真正廉洁之士不看重清廉虚名，

自称清廉者恰恰暴露贪婪本性；

技巧高明之人不需要运用手腕，

耍小技者是为掩饰自己的愚蠢。

看人看结果

声妓晚岁从良，一世之烟花无碍；

贞妇白头失节，半生之清苦俱非。

语云："看人只看后半截。"

真名言也。

声妓晚年从良，

从前的生涯就不再被人计较；

守节妇女晚年丧失节，

半生清苦便一笔勾销。

俗话说："看人只看后半生。"

确实有道理。

忙里偷闲，闹中取静

忙里要偷闲，须先向闲时讨个把柄，

闹中要取静，须先从静里立个根基。

不然，未有不因境而迁，随事而靡者。

忙里要偷闲，

须先学会于忙碌时心境优雅。

闹中要取静，

须先学会于杂闹中心静如水。

不然就会心随情境而烦躁，

身随事务而疲于奔命。

清净门，常为淫邪之渊

淫奔之妇，矫而为尼，

热中之人，激而入道。

清净之门，常为淫邪之渊薮也如此。吁！可嗤已。

私奔之妇，也会削发为尼，

热衷名利之人，愤而当道士。

清净之门，反成淫邪聚集之地。

唉，真是太可笑了！

河沙妙德，总在心源

一勺水，便具四海水味，世法不必尽尝；

千江月，总是一轮月光，心珠宜当独朗。

任何一勺海水，都具有四海水滋味，

世间法不需要一一尽尝。

千江所映月影，都同是天上那轮明月。

心珠应自己发出光明。

空空而来，空空而去

两个空拳握古今，握住了还当放手；

一条竹杖挑风月，挑到时也要息肩。

两个空拳握古今，即使握住了还得放手；

一条竹杖挑风月，即使挑到了也要歇手。

相忘于江湖
江湖的泉源干枯了……
鱼儿都困在地面上，
很亲切地用口沫互相滋润……
沾润一点我的口水吧！免得渴死呀。
谢谢你！你真仁慈又义气呀……
这倒不如江湖水满的时候，
大家悠游自在，不必相互照顾的好。
人的仁爱毕竟是有限的，当人需要用仁爱来互相救助时，这世界便已不好了。大自然的爱是无量的，所以人应相忘于自然，如同鱼相忘于江湖。

我不希荣
我不贪图荣华富贵，
何必担忧利禄诱惑？
我不争逐名利权位，
何必畏惧仕途危机？
持其志毋暴其气，常保持一颗纯正清明的本心，就不必忧虑受人诱惑了。

山林士胸怀廊庙
大不了官不做，
到山林隐居罢了。
身居高官显爵时，
不可无隐居山林之思；
有机会就尽
一己之力，
为国家社会
做点事。
幽居山野泉林时，
应有治理国事的壮志。
身负国家重任的人，
须淡泊名利，
以立立人，以达达人；
而一般的平民百姓
也应时时关心国事，
尽自己的一份力量。

天地有万古
人生百年，时间匆匆易过。
天地万古不变，此身却不可再得。
也不可不怀虚度一生之忧。
人生在世，不可不知道生命乐趣。
天地长久，但生命却有限。幸生为人，应随时随地体会周边美好的一切，才不会虚度此生。

吾身小天地
身体就是小宇宙，
如能喜怒不过度，
爱憎有一定标准，就是一种谐和调理的功夫。
天地是万物父母，假如天下万民没有怨言，万物没有灾祸，不也是一种和睦气象？
人心有喜怒哀乐之情和鉴别好恶的良知。喜怒好恶有准则，行为举止才能合于法度，才能培养出健全的人格。

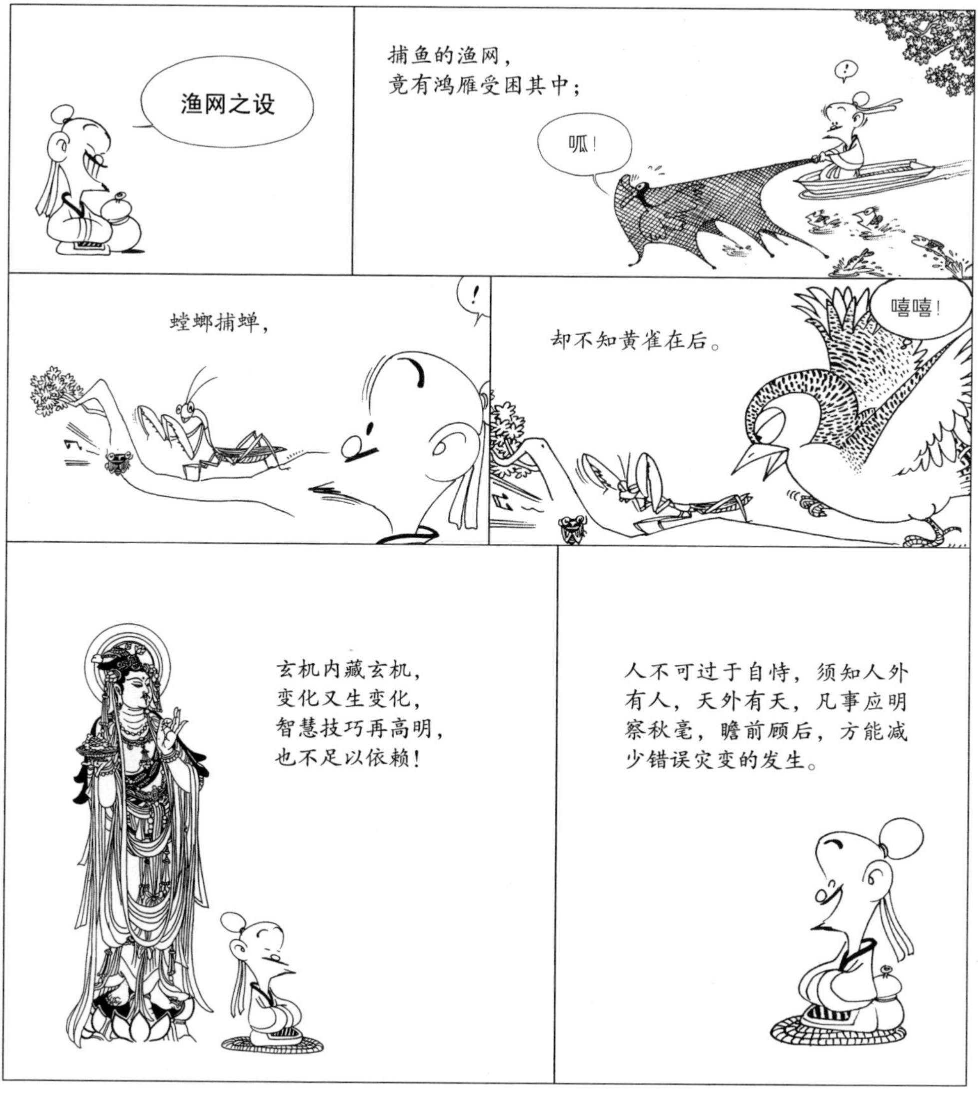
渔网之设
捕鱼的渔网，
竟有鸿雁受困其中；
呱！
蝗螂捕蝉，
却不知黄雀在后。
嘻嘻！
玄机内藏玄机，
变化又生变化，
智慧技巧再高明，
也不足以依赖！
人不可过于自恃，须知人外有人，天外有天，凡事应明察秋毫，瞻前顾后，方能减少错误灾变的发生。

石火光中争长竞短
石火光中的短暂人生争长竞短,
我的气质比你高。
我的才华比你好。
能有多少光阴可用?
我赢了。
胡说!
我比你还强。
我才是真正的强者。
在蜗牛角般的狭小空间争雌雄,
地球,在宇宙中只是一般尘埃;人生,在宇宙中只是一刹那。在短暂的人生中,应好好体会生的美妙,而不是把时间花在竞长短、争雌雄上。
嘻嘻。
能有多大世界可争?

隐逸林中无荣辱
隐逸林中，没有荣辱得失。
宠辱不惊……
有钱的、没钱的都一视同仁，通通是我的好朋友！
重视道义的人，没有对人厚薄的行为。
把得失之心看开，就不再会有荣誉悲喜的心理；以道义自任，自然不会随便给人眼色。

鱼得水逝
鸟乘风飞翔，
而不自知身在风中。
鱼得水而游，
而不自知身在水中。
若能体悟其中道理，
就能超脱外物诱惑，
享受天地自然之趣。
鱼在水中游而忘却自身处在水中，故能自由自在地悠游；人生活在世间却被世间的物欲所牵累诱惑，因而受到束缚。

宠辱不惊
你好棒哦！
是吗？
你好差哦！
是吗？
荣宠或屈辱，勿喜勿悲，闲看庭前，花开花谢。
!
恭喜你又升官了。
是吗？
你被开除了。
是吗？
升官或贬谪，不要介意，富贵浮云，时聚时散。
!
不要被外来的毁誉、荣辱改变了心性。职位的去留升迁就像浮云般有聚有散，毫不执着留恋。

优人傅粉调朱
演戏的人傅粉施朱，
在化妆笔下赛美丑，
歌舞完毕观众散去，
美丑又在什么地方？
对弈的人争前恐后，
在下子之间比胜负，
负！
胜！
棋局赛完棋子收了，
方才胜负又在哪里？
戏台前扬扬得意，落幕后不过是位靠演戏为生的优人；棋盘上无往不利，局尽后仍须面对世俗的拂逆。

人生一傀儡
只要掌握丝线机杼，
一线不乱，收放自如。
先走一步啦！
人生原是
一个傀儡，
行动、停止完全操之在我，丝毫
不受他人干涉。
我身不由
己呀……
再见！
如此就可以超脱于这
场戏外了。若能掌握
自己的本心，不受外
在环境的影响，不受
他人左右，自然收放
自如。

忽闻犬吠鸡鸣
在竹篱旁听到鸡啼狗叫，
恍如置身人间仙境。
汪！
嘎！
在书房中静听蝉鸣鸦噪，
方知静中别有天地。
竹篱下悠然自得之际，犬吠鸡鸣惊回了现实，这是在无我的境界里保持我；芸窗中心游六合之际，蝉吟鸦噪影响不了一颗静修的心。

绳锯木断
绳子可以锯断木头，
水滴可以穿透石头，
求学论道的人，
如果有恒心毅力，
凡事顺其自然不强求，
必然水到渠成，瓜熟蒂落。
悟得真道者都
完全听任自然。
求学问道须勤加努力探求，
泉水流到自然成为沟渠，
瓜果成熟自然会蒂落。

身如不系之舟
身体像艘无绳绑住的扁舟，
随波逐流，任性停泊；
内心要像燃烧
成灰的木头，
任凭成败毁誉都不在乎。
他好棒哦！
很有才
气呀！
他很
坏哦！
他好
差劲！
“不以物喜，不以己悲”，
一切的成败毁誉都不能
影响我的平和定静，如
此才能真正来去自如，
乐天知命。

泛若不系之舟
巧妙的人多劳苦。
忍耐
聪明的人
多忧愁。
无能的人无所求，
吃饱了便到处逍遥。
好像是一条没有绳索系住的
空船，在水面上摇呀摇地自
由自在。
聪明巧妙往往带来无穷的累赘，
这些系累世人常不自觉。

跋

人生的
座右铭

不忘初心

小时候，我从父亲送的小黑板找到终生目标：就是只要不会饿死，我便要画画一辈子。我知道要过最大的精神自由，便要接受最匮乏的物质需求，自己也终生奉行这个理念。记得十五岁刚到台北当职业漫画家时，有一天深夜，跟同事们一起到巷口路边摊吃夜宵，那是我人生第一次吃麻酱面。

当时我赞叹说：“世上怎么有这么好吃的面？”

直到今天，我还是觉得麻酱面是天下美味，并没有因为有名有钱而改变了自己的口味。

我也跟从前一样喜欢孤寂，有如独坐孤峰享受画画十几个小时。唐代庐山归宗志芝庵主写的《悟道偈》

最能代表现在的心境：

千峰顶上一间屋，老僧半间云半间，

昨夜云随风雨去，到头不似老僧闲。

一个人不忘初心，走在自己所选择的人生道路上，不要被沿路的名利左右走错路，牢记初心就不会随波逐流。

禅宗经典《景德传灯录》里面有一则主人公的公案：

主人公
师彦和尚时时刻刻喜欢自言自语。
主人公！
是的！
你要保持清醒哦！
是的！是的！
不要受人蒙骗哦！
是的！是的！
人往往被环境的刺激、心的污染和过去的憎恶所蒙蔽，因而不能完全操纵自己。每个人都应认清自己，好好扮演自己的角色，做自己的主人。

一生当中，我唯有一次脱离了早已既定的人生轨道。三十几岁时，由于工作接得太多，忙得身心憔悴。当时我便像师彦和尚一样，自问：“蔡志忠你在干什么？要保持清醒，这是你要的吗？”

很快，我便走回既定的人生轨道，发誓从此不再切割生命去换取名利。于是便结束动画公司，只身到东京画漫画诸子百家系列，从此便不再自问“蔡志忠你在干什么？要保持清醒，这是你要的吗？”这问题了。

人生的座右铭

小学三年级时，级任导师要每位小朋友自己选择人生的座右铭，我从收集来的一大堆世界箴语中选了两个座右铭：

多一事不如少一事，
一动不如一静。

沉默是金。

当时根本不明白什么是道家、儒家、佛学禅宗，后来才知道第一个箴语很像庄子，非常道家。

从九岁开始，我也遵守这两个座右铭，直到现在。我没有手表、手机，也不太理会跟我无关的事物，就是奉行“多一事不如少一事，一动不如一静”的座右铭。

第二个座右铭“沉默是金”，我奉行二三十年，出版漫画诸子百家思想系列出了名，必须接受媒体采访和演讲才不得不稍作改变，讲话多了一点。

年轻时我曾创办“龙卡通”动画公司，拍动画广告与动画电影，由于我跟员工坐在一起没有自己的办公室，几天也没说过一句话，很多新招聘进来的着色小姐都误以为我是不会讲普通话的日本人或香港仔，半个月之后才知道动画公司的老板就是我。

由个人经验，我很清楚一个人心中要有自己的想法，自己先摆一根尺在心中作为一生行为的轨道，才不会一时糊涂走偏差了。

我读书又快又杂，包括诸子百家、佛学、禅宗、

《圣经》、印度中东宗教典籍、欧洲存在主义、西洋美术史、物理史、数学史等。我一生大约读过两万本书，中国国学儒、释、道三家中我个人算是倾向禅宗了。

禅宗有一则香严上树公案：

请问什么是佛法最精的大意?
这时他若不答，便是无视了问者之意；
但他若答，便会摔下来而失去生命……
你们说，他应该如何才能从这困境中脱出?
招上座答：
我不问他在树上怎么办，我问，他没上树前，是怎么样?
哈哈哈哈!
在无言语之前的真理，应用无言语之前的生命去回答。

《孙子兵法》说:“运筹帷幄，决战于千里之外。”

小事，很多人确实先做好评估，然后再依计划执行。但对于一生的大事却少有人在人生起跑点就为人生终点做好详细计划，乃至像清朝顺治皇帝一样，直到死前还不明白:“未曾生我谁是我?生我之时我是谁?”

由于清太宗皇太极突然驾崩，顺治皇帝六岁登基，由叔父摄政王和硕睿亲王多尔衮辅政，顺治十八年，顺治皇帝感染天花而驾崩，享年二十四岁。

据说顺治生前很想学释迦如来舍王宫出家修行而成正觉，他写了一首出家诗:

未曾生我谁是我?生我之时我是谁?
长大成人方知我，合眼蒙胧又是谁?
但愿不来也不去，来时欢喜去时悲。

每日清闲谁多识，空在人间走一回。

口中吃得清和味，身上常穿补衲衣。

五湖四海为高客，逍遥佛殿任僧栖。

我们对于自己的人生要有想法，才不会像顺治皇帝一样，身居高位，但最终还是死得很遗憾。

《菜根谭》除了用来阅读以修身养性之外，我们也可以选择书中名句作为人生的座右铭。

这本书的名句中，我最喜欢的一句是：

休与小人仇，小人自有对头。

俗话说：穿草鞋的，不怕穿皮鞋的。小人敢捅你一刀，谁敢回捅他一刀？

人生往往遭遇小人，内心不平衡时，这句话刚好受用，也很真实。跟小人计较，只会徒增困扰，小人的下场也确实大多败在其他小人之手。

人生是一趟最重要的旅程，从《菜根谭》名句中选择自己的座右铭，摆在心中作为人生准则的一根尺，让一生依计划而行，更能掌握自己的人生方向与未来。

版权登记号：01-2015-8119

图书在版编目（CIP）数据

田园的微笑 :《菜根谭》解密 / 蔡志忠著 . —北京：现代出版社，2020.1
（蔡志忠经典解密系列）
ISBN 978-7-5143-8062-0

Ⅰ. ①田… Ⅱ. ①蔡… Ⅲ. ①个人—修养—中国—明代 ②《菜根谭》—通俗读物 Ⅳ. ① B825-49

中国版本图书馆 CIP 数据核字（2019）第 216103 号

田园的微笑 :《菜根谭》解密

作　　者	蔡志忠
责任编辑	赵海燕　毕椿岚
出版发行	现代出版社
通信地址	北京市安定门外安华里 504 号
邮政编码	100011
电　　话	010-64267325　64245264（传真）
网　　址	www.1980xd.com
电子邮箱	xiandai@vip.sina.com
印　　刷	三河市宏盛印务有限公司
开　　本	880mm × 1230mm　1/32
印　　张	5.5
字　　数	69 千字
版　　次	2020 年 1 月第 1 版　2020 年 1 月第 1 次印刷
书　　号	ISBN 978-7-5143-8062-0
定　　价	36.80 元

－蔡志忠经典解密系列－

- 菩提树下的微笑:《金刚经》解密
- 智慧彼岸的微笑:《心经》解密
- 开悟者的微笑:禅解密
- 田园的微笑:《菜根谭》解密
- 自然箫声的微笑:《庄子》解密
- 仁者的微笑:《论语》解密
- 孔子纪行